1 はじめに

　ブラとケットは、量子力学で使われるベクトルのことであり、正確にはブラベクトル、ケットベクトルという。ブラベクトルは、例えば $\langle \phi |$ と書かれ、ケットベクトルは $| \psi \rangle$ というように書かれる。ブラベクトルとケットベクトルは便利な表記であると共に、量子力学を理解する上でも役に立つ表記である。しかし、量子力学を学ぶ人達でもその有用性をあまり理解していないのではないかと思われる。というのも、量子力学を学ぶときは、波動力学と呼ばれる波動方程式を解くやり方から入るのが一般的だからである。量子力学を学んでいくと、量子力学には波動力学と行列力学の二つの形式があるということ、それらは数学的には同等であるということを教えられる。とはいえ、これらの二つの形式の間の関係がどういうものかについては深くは学ばない。そこで本書は、行列形式の方程式と波動方程式の関係を示すことを目的としている。

　なお、ブラとケットという名前は、ブラケット（bracket：括弧のこと）を二つに分けたもので、ディラックが考えたものである。

2 固有値と固有ベクトル

　ここでは、量子力学で使われる固有値、固有ベクトルの概念とその物理的意味を簡単に説明することにする。

　$\hat{A}$ を n 行 n 列の行列とする。その時、以下の式を固有値方程式という。

$$\hat{A} | u_i \rangle = a_i | u_i \rangle. \tag{式 2.1}$$

ここで、$| u_i \rangle$ は n 行 1 列のベクトル、a_i はただの数である。$| u_i \rangle$ を固有ベクトル、a_i を固有値という。n 行 n 列の行列には n 個の固有値があり、それぞれの固有値に対応した固有ベクトルがある。固有値 a_i とそれに対応する固有ベクトル $| u_i \rangle$ を持ってきてはじめて（式2.1）が成り立つ。なお、行列には^（ハット）を付けて、古典力学的な物理量とは区別する。

　一般的な物理量は、無限個の固有値を持つ。物理量は無限行無限列の行列である。固有値の数が有限個の物理量も存在し、電子のスピンの固有値は 2 個である。

　$\hat{A}$ の行と列を入替えて各要素の複素共役を取った行列をエルミート共役といい、$\hat{A}^{\dagger}$ と表わす。$\hat{A} = \hat{A}^{\dagger}$ となる行列をエルミート行列といい、その固有値は必ず実数になる。物理量はエルミート行列である。

　$| u_i \rangle$ の行と列を入替えてその要素の複素共役を取ったものを $\langle u_i |$ と表わす。この時、$| u_i \rangle$ をケットベクトル、$\langle u_i |$ をブラベクトルと区別する。ブラベクトルとケットベクトルの各成分を掛け合わせて和をとったもので内積を定義する。内積は、$\langle u_i | u_j \rangle$ と表わす。ある行列の固有ベクトルの組の中から二つのベクトルを持ってきて内積を作ると、次の関係が成り立つ。

$$\langle u_i | u_j \rangle = \delta_{ij}. \tag{式 2.2}$$

δ_{ij} はクロネッカーのデルタ記号で、$i = j$ の時 1 で、それ以外では 0 である。なお、内積は $i = j$ の時に 1 以外の（0 ではない）他の数でもよいのだが、1 になるようにしておくと都合がよいので、内積が 1 になるように係数を調整している。これを規格化という。

$\hat{A}$ を $\langle u_i|$ と $|u_j\rangle$ で挟んだものは、固有値を与える。すなわち、

$$\langle u_i|\hat{A}|u_j\rangle = a_i\,\delta_{ij}. \tag{式 2.3}$$

　量子力学では、物理量は演算子（行列はその表現の一つである）で表わされる。固有値は、その物理量を測定した時に得られる値であると考える。もし、固有値が不連続な値しか取らないとすると、観測される値も不連続な値である。

　固有ベクトルは、考えている系において、その系の状態を識別するものである。固有ベクトル自体は観測される量ではない。状態を区別する記号だと思えばよい。ある物理量を測ったとき、その物理量の固有値のうちの一つが得られたとすると、その系の状態は、その固有値に対応する固有ベクトルで表わされる状態である、と考える。逆に、状態が、ある物理量の固有ベクトルで表わされる時は、その物理量を測定すると、固有ベクトルに対応する固有値が観測される。それを表わしたのが（式 2.3）である。つまり、固有ベクトルのブラベクトル $\langle u_i|$ とケットベクトル $|u_i\rangle$ で物理量 $\hat{A}$ を挟んでやると、固有ベクトルに対応する固有値 a_i が得られるのである。

　それでは、固有ベクトルではないベクトルで物理量 $\hat{A}$ を挟んだら、何が得られるのであろうか。それには、次に述べる固有ベクトルの性質を使う。

　任意のベクトルは、ある物理量の固有ベクトルの組を用いて、その和で表わすことができる。式で書くと次のようになる。任意のベクトルを $|\psi\rangle$ とすると、

$$|\psi\rangle = a_1|u_1\rangle + a_2|u_2\rangle + a_3|u_3\rangle + \cdots. \tag{式 2.4}$$

a_i は係数（一般には複素数）である。このように、任意のベクトルを固有ベクトルの組の和を用いて書き表わすことを、展開するという。あるいは、$|\psi\rangle$ は $|u_i\rangle$ の重ね合わせになっているともいう。

　さて、a_i は次のように決まる。（式 2.4）の両辺に $\langle u_i|$ を掛けると、

$$\langle u_i|\psi\rangle = a_1\langle u_i|u_1\rangle + a_2\langle u_i|u_2\rangle + a_3\langle u_i|u_3\rangle + \cdots.$$

ここで（式 2.2）の関係を使うと、右辺は $\langle u_i|u_i\rangle\,(=1)$ の項のみが残るので、$\langle u_i|\psi\rangle = a_i$ となり、係数は $\langle u_i|$ と $|\psi\rangle$ の内積であることが分かる。これを再び（式 2.4）へ入れると、

$$\begin{aligned}
|\psi\rangle &= \langle u_1|\psi\rangle|u_1\rangle + \langle u_2|\psi\rangle|u_2\rangle + \langle u_3|\psi\rangle|u_3\rangle + \cdots \\
&= |u_1\rangle\langle u_1|\psi\rangle + |u_2\rangle\langle u_2|\psi\rangle + |u_3\rangle\langle u_3|\psi\rangle + \cdots \\
&= \sum_{i=1}^{\infty} |u_i\rangle\langle u_i|\psi\rangle
\end{aligned} \tag{式 2.5}$$

となる。（式 2.5）は、

$$|\psi\rangle = \left[\sum_{i=1}^{\infty} |u_i\rangle\langle u_i|\right]|\psi\rangle$$

という形をしており、$\displaystyle\sum_{i=1}^{\infty} |u_i\rangle\langle u_i|$ は単位行列と見なすことができる。この形の単位行列は、行列とブラベクトルの間、行列とケットベクトルの間、あるいは二つの行列の積の間などに自由に出し入れできる非常に便利なものである。

固有ベクトルのこの性質を使うと、$\langle \psi |$ と $| \psi \rangle$ で $\hat{A}$ を挟んだ時の値を求めることができる。

$$\langle \psi | \hat{A} | \psi \rangle = \langle \psi | \left[\sum_{i=1}^{\infty} |u_i\rangle \langle u_i| \right] \hat{A} \left[\sum_{j=1}^{\infty} |u_j\rangle \langle u_j| \right] | \psi \rangle$$

$$= \sum_{i=1}^{\infty} \sum_{j=1}^{\infty} \langle \psi | u_i \rangle \langle u_i | \hat{A} | u_j \rangle \langle u_j | \psi \rangle = \sum_{i=1}^{\infty} \sum_{j=1}^{\infty} \langle \psi | u_i \rangle a_i \, \delta_{ij} \langle u_j | \psi \rangle$$

$$= \sum_{i=1}^{\infty} \langle \psi | u_i \rangle a_i \langle u_i | \psi \rangle = \sum_{i=1}^{\infty} a_i |\langle u_i | \psi \rangle|^2. \qquad \text{(式 2.6)}$$

これは何を意味しているのであろうか。$\langle u_i | \psi \rangle$ は、展開の係数であるから、その値が大きいということは、その項 $|u_i\rangle$ の割合が大きいことを意味する。そして、全ての $|\langle u_i | \psi \rangle|^2$ を足し合わせた値が 1 であることから、$|\langle u_i | \psi \rangle|^2$ は $|u_i\rangle$ となる確率を与えると考える。

$|\langle u_i | \psi \rangle|^2$ を確率と考えると、（式 2.6）は $\hat{A}$ を観測した時の期待値を与える。$| \psi \rangle$ で表わされる状態で $\hat{A}$ を観測すると、いずれかの固有値 a_i を観測することになる。どの固有値を観測するかは分からないが、a_i を観測する確率は $|\langle u_i | \psi \rangle|^2$ である。そして、同じ観測を非常にたくさん行うと、その期待値が $\langle \psi | \hat{A} | \psi \rangle$ で与えられる。なお、$| \psi \rangle$ はその物理的状態を表わすベクトルであることから、状態ベクトルということにする。

ミクロ的に見た場合は、どの固有値が観測されるかは分からない。とはいえ、それらの固有値の差は非常に小さいものである。それ故、マクロ的に見れば、どの観測値も同じようであり、その差は誤差の範囲でしかない。そして、マクロ的に観測した場合、観測される値は、その期待値の近傍に集中していることであろう。このことから、古典力学で扱っている物理量は、量子力学の期待値のことだと考えられる。この考え方に基づいて、量子力学での運動方程式を求めてみよう。

3 量子力学での運動方程式

古典力学での質点の運動方程式は以下の通りである。

$$\frac{dp_x}{dt} = F_x, \quad \frac{dp_y}{dt} = F_y, \quad \frac{dp_z}{dt} = F_z.$$

この式は、ポテンシャル V を使うと次のように書ける。

$$\frac{dp_x}{dt} = -\frac{\partial V}{\partial x}, \quad \frac{dp_y}{dt} = -\frac{\partial V}{\partial y}, \quad \frac{dp_z}{dt} = -\frac{\partial V}{\partial z}.$$

位置の時間微分は、

$$\frac{dx}{dt} = \frac{p_x}{m}, \quad \frac{dy}{dt} = \frac{p_y}{m}, \quad \frac{dz}{dt} = \frac{p_z}{m}.$$

この右辺は、運動エネルギー $T = \frac{1}{2m}(p_x^2 + p_y^2 + p_z^2)$ を使って、

$$\frac{dx}{dt} = \frac{\partial T}{\partial p_x}, \quad \frac{dy}{dt} = \frac{\partial T}{\partial p_y}, \quad \frac{dz}{dt} = \frac{\partial T}{\partial p_z}$$

と書ける。ここで、x や p_x を期待値に置き換える。x 成分の式のみを書くと、

$$\frac{d}{dt}\langle\psi|\,\hat{p_x}\,|\psi\rangle = \langle\psi|\left[-\frac{\partial\hat{V}}{\partial\hat{x}}\right]|\psi\rangle, \qquad (式 3.1)$$

$$\frac{d}{dt}\langle\psi|\,\hat{x}\,|\psi\rangle = \langle\psi|\frac{\partial\hat{T}}{\partial\hat{p_x}}|\psi\rangle. \qquad (式 3.2)$$

ここで $|\psi\rangle$ は、質点が置かれている状態を表わす状態ベクトルである。さて、右辺の偏微分であるが、これは行列を行列で微分している。これはどのように考えればよいのであろうか。それは難しいことではない。通常の微分と同じように、$\hat{x}^n$ の微分が $n\hat{x}^{n-1}$ となればよい。これを行う演算として、次のようなことを考える。

まず、次のような操作をする括弧を定義する。

$$[\hat{A},\hat{B}] = \hat{A}\hat{B} - \hat{B}\hat{A}.$$

この括弧は交換子といわれる。あるいは、$\hat{A}$ と $\hat{B}$ の交換関係という。常識的には、これは 0 である。しかし、$\hat{A}$ と $\hat{B}$ が行列である場合は、一般には 0 にはならない。

今、$\hat{A}$ は $\hat{x}$ 及び $\hat{p_x}$ の関数とする。また、$\hat{x}$ と $\hat{p_x}$ の間に次の関係があるとする。

$$[\hat{x},\hat{p_x}] = i\hbar. \qquad (式 3.3)$$

i は虚数単位、$\hbar$ はプランク定数 h を 2π で割ったものである。（式 3.3）の右辺がこのようになるというのは、この段階では分かっていない。不明な定数と考えてもよい。この先で理論を展開し、実験や観測によって得られた結果と比較して初めて分かるものである。

さて、以上のことを踏まえて、$\hat{A}$ の微分は次のように書くことができる。

$$\frac{\partial\hat{A}}{\partial\hat{x}} = -\frac{1}{i\hbar}[\hat{p_x},\hat{A}], \qquad \frac{\partial\hat{A}}{\partial\hat{p_x}} = \frac{1}{i\hbar}[\hat{x},\hat{A}].$$

これを使うと、

$$\frac{\partial\hat{V}}{\partial\hat{x}} = \frac{1}{i\hbar}[\hat{p_x},\hat{V}], \qquad \frac{\partial\hat{T}}{\partial\hat{p_x}} = \frac{1}{i\hbar}[\hat{x},\hat{T}].$$

そうすると（式 3.1）（式 3.2）は、

$$\frac{d}{dt}\langle\psi|\,\hat{p_x}\,|\psi\rangle = \frac{1}{i\hbar}\langle\psi|\,[\hat{p_x},\hat{V}]\,|\psi\rangle, \qquad \frac{d}{dt}\langle\psi|\,\hat{x}\,|\psi\rangle = \frac{1}{i\hbar}\langle\psi|\,[\hat{x},\hat{T}]\,|\psi\rangle.$$

ここで、$\hat{H} = \hat{T} + \hat{V}$ という量を定義する。これは解析力学でいうところのハミルトニアンである。これを使うと、

$$\frac{d}{dt}\langle\psi|\,\hat{p_x}\,|\psi\rangle = \frac{1}{i\hbar}\langle\psi|\,[\hat{p_x},\hat{H}]\,|\psi\rangle, \qquad \frac{d}{dt}\langle\psi|\,\hat{x}\,|\psi\rangle = \frac{1}{i\hbar}\langle\psi|\,[\hat{x},\hat{H}]\,|\psi\rangle$$

となり、物理量の時間微分が、その物理量とハミルトニアンとの交換関係から得られることになる。より一般的に書くと、

$$\frac{d}{dt}\langle\psi|\,\hat{A}\,|\psi\rangle = \frac{1}{i\hbar}\langle\psi|\,[\hat{A},\hat{H}]\,|\psi\rangle.$$

更に、$\hat{A}$ に直接時間が含まれている場合は、その偏微分も加えて、

$$\frac{d}{dt}\langle\psi|\hat{A}|\psi\rangle = \langle\psi|\frac{\partial\hat{A}}{\partial t}|\psi\rangle + \frac{1}{i\hbar}\langle\psi|[\hat{A},\hat{H}]|\psi\rangle. \qquad (\text{式 3.4})$$

これが量子力学での運動方程式である。この式は、解析力学での運動方程式のポアソン括弧を交換関係式で置き換えたものになっている。

ここから更に、次の式が成り立っていればよいことが分かる。

$$i\hbar\frac{d}{dt}|\psi\rangle = \hat{H}|\psi\rangle. \qquad (\text{式 3.5})$$

この式は、（式 3.4）の左辺の時間微分が、

$$\frac{d}{dt}\langle\psi|\hat{A}|\psi\rangle = \left[\frac{d}{dt}\langle\psi|\right]\hat{A}|\psi\rangle + \langle\psi|\frac{\partial\hat{A}}{\partial t}|\psi\rangle + \langle\psi|\hat{A}\left[\frac{d}{dt}|\psi\rangle\right]$$

となることから、容易に確認できる。注目すべきことは、（式 3.5）には $\hat{A}$ が含まれていないことである。（式 3.5）は $|\psi\rangle$ の時間変化を求める式である。そして、これさえ分かれば、この $|\psi\rangle$ で期待値を計算することで、物理量 $\hat{A}$ の時間変化が分かるのである。

なお、（式 3.5）はシュレーディンガー方程式と呼ばれるものに対応する。本来のシュレーディンガー方程式は波動方程式であるが、（式 3.5）は行列の方程式である。この式から波動方程式を導けることを後で示そう。

4　不連続固有値

不連続固有値の例として、一次元調和振動子の問題を取り上げよう。詳しい内容は、この本の姉妹編『量子力学的古典力学』に書いてあるので、ここでは簡単に説明する。

ハミルトニアンは、

$$\hat{H} = \frac{\hat{p}^2}{2m} + \frac{1}{2}k\hat{x}^2$$

である。1 次元での運動を考えているので、$\hat{p}$ と書いてあるのは $\hat{p}_x$ のことである。$\hat{x}$ と $\hat{p}$ の間には、（式 3.3）の関係がある。解くべき固有値方程式は、

$$\hat{H}|n\rangle = E_n|n\rangle.$$

さて、ここで、

$$\hat{a} = \sqrt{\frac{1}{2m\hbar\omega}}(i\hat{p} + m\omega\hat{x})$$

とおく。ただし、$\frac{k}{m} = \omega^2$ である。$\hat{a}$ のエルミート共役は

$$\hat{a}^\dagger = \sqrt{\frac{1}{2m\hbar\omega}}(-i\hat{p} + m\omega\hat{x})$$

5

である。これらを使うとハミルトニアン $\hat{H}$ は、以下となる。

$$\hat{H} = \hat{a}^\dagger \hat{a}\, \hbar\omega + \frac{1}{2}\hbar\omega.$$

ここで現われている $\hat{a}^\dagger \hat{a}$ は個数の演算子であり、その固有値は 0, 1, 2, ... であることが分かっている。$\hat{a}^\dagger \hat{a} = \hat{N}$ とおくと、固有値方程式は、

$$\left(\hat{N} + \frac{1}{2} \right) \hbar\omega\, |n\rangle = E_n\, |n\rangle.$$

したがって、$E_n = \left(n + \frac{1}{2} \right) \hbar\omega$ となる。一次元調和振動子のエネルギーは、$\frac{1}{2}\hbar\omega$, $\frac{3}{2}\hbar\omega$, $\frac{5}{2}\hbar\omega$, ... という不連続な値を持つ。

5 連続固有値

5.1 連続固有値の固有値方程式

連続な値を取る演算子として、位置演算子 $\hat{x}$ や運動量演算子 $\hat{p}$ がある。それらの固有値方程式を、次のように書く。

$$\hat{x}\, |x\rangle = x\, |x\rangle, \quad \hat{p}\, |p\rangle = p\, |p\rangle.$$

演算子には＾（ハット）を付けて区別するが、固有値、固有ベクトルは同じ文字を使うことにする。

$\hat{x}$ の逆数の固有値方程式がどうなるかを見ておこう。$\hat{x}$ の逆数の演算子を $\hat{x}^{-1}$ と書く。$\hat{x}\hat{x}^{-1} = 1$ 及び $\hat{x}^{-1}\hat{x} = 1$ である。$\hat{x}$ の固有値方程式の両辺に左から $\hat{x}^{-1}$ を掛けると、$\hat{x}^{-1}\hat{x}\, |x\rangle = \hat{x}^{-1}x\, |x\rangle$。これは、$|x\rangle = x\,\hat{x}^{-1}\, |x\rangle$ となり（右辺の x は固有値で、ただの数である）、したがって、

$$\frac{1}{x}\, |x\rangle = \hat{x}^{-1}\, |x\rangle$$

となる。これは、$\hat{x}^{-1}$ の固有値が $\dfrac{1}{x}$ で、固有ベクトルが $|x\rangle$ であることを表わしている。

固有値の x や p は連続した値を持ち、それに対応した固有ベクトル $|x\rangle$、$|p\rangle$ も連続した状態を表わす。そのため、固有ベクトルの和を単純な和として扱うことはできず、実際に計算をする場合は、積分を行うことになる。

固有値を区別したいときは、添字を付けて区別することにする。例えば次のように書くことにする。

$$\hat{x}\, |x_i\rangle = x_i\, |x_i\rangle.$$

この $|x_i\rangle$ は、粒子が 1 個だけ存在する状況において、粒子の位置が x_i にあるということを表わしている。この表記を使うと、粒子の運動を表現することができる。例えば、時刻 $t = t_1$ で粒子の位置が x_1 にあり、時刻 $t = t_2$ で粒子の位置が x_2 にあり、という運動をしているとすると、粒子の運動を表わす状態ベクトル $|X(t)\rangle$ は次のように書ける。

$$|X(t)\rangle = a_1(t)\, |x_1\rangle + a_2(t)\, |x_2\rangle + a_3(t)\, |x_3\rangle + \cdots.$$

ここで、$a_i(t)$ は時間の関数で、時刻 $t = t_i$ の時 $a_i(t) = 1$ で、それ以外の時刻では 0 とする。そうすると、

$$|X(t_1)\rangle = |x_1\rangle, \quad |X(t_2)\rangle = |x_2\rangle, \quad \dots$$

となって、ある時刻の粒子の位置を表わすことができる。しかし、これに何か利点があるかというと何もない。粒子の位置を表わすのであれば、位置を時間の関数として直接表わした方が便利だからである。

では、この表記が役に立たないかというとそうではない。それは $a_i(t)$ が 0 か 1 以外の値を取る場合である。例えば、

$$|X\rangle = \frac{1}{2}|x_1\rangle + \frac{1}{2}|x_2\rangle$$

のように、複数の $|x_i\rangle$ を持つ状態を考えなければならない場合である。いや待て、それはおかしいだろう、という人もいるだろう。$|x_i\rangle$ は粒子が x_i にいる状態を表わしている。そして考えている粒子は点状の粒子である。$|x_1\rangle$ と $|x_2\rangle$ の両方の状態があるということは、粒子は x_1 にいると同時に x_2 にもいなければならない。しかし、分身でもしない限り、それは不可能である。

常識的には全くその通りである。だが、ミクロの世界では、あたかも粒子が空間的に広がっているような振る舞いを示すことがある。いわゆる、物質の波動性である。この性質を表わすのに、固有ベクトルを足し合わせるという表記が役に立つのである。実際に足し合わせるのは、二つや三つの固有ベクトルではなく、無限個の固有ベクトルである。つまり、

$$|X(t)\rangle = \sum_{i=1}^{\infty} a_i(t)|x_i\rangle$$

となる。ただ、x は連続値を取るので、実際の計算では和ではなく積分を行うことになる。

$$|X(t)\rangle = \int_{-\infty}^{+\infty} a(t)|x\rangle\,dx.$$

2 章で行ったのと同様に、あるベクトルを固有ベクトルで展開することができる。今、粒子が 1 個だけ存在する状態を考え、その系のエネルギーが固有値 E_i にある時の固有ベクトルを $|\phi_i\rangle$ としよう。この $|\phi_i\rangle$ を $|x\rangle$ で展開する。その時、固有ベクトルが持っている次の性質を使う。

$$\int_{-\infty}^{+\infty} |x\rangle\langle x|\,dx = 1. \quad (\text{この 1 は単位行列を表わす})$$

これを $|\phi_i\rangle$ に作用させると、

$$|\phi_i\rangle = \left[\int_{-\infty}^{+\infty} |x\rangle\langle x|\,dx\right]|\phi_i\rangle = \int_{-\infty}^{+\infty} |x\rangle\langle x|\phi_i\rangle\,dx \qquad (\text{式 5.1})$$

この右辺の積分の中にある $\langle x\,|\,\phi_i\rangle$ は何者だろうか。位置の固有ベクトル $\langle x|$ とエネルギー固有ベクトル $|\phi_i\rangle$ の内積であり、ある値を持っているはずである。エネルギーが固有

値 E_i にあるという状態で位置 x を指定すると、その位置に応じて値が決まるものである。つまり、位置 x の関数であると考えられる。そこで、$\langle x | \phi_i \rangle$ を $\phi_i(x)$ と書くことにしよう。その値は、2 章での議論から、$|\langle x | \phi_i \rangle|^2$ が確率になると考えられる。

更に、（式 5.1）に左から $\langle x' |$ を掛けよう。そうすると、

$$\langle x' | \phi_i \rangle = \int_{-\infty}^{+\infty} \langle x' | x \rangle \langle x | \phi_i \rangle \, dx.$$

ここで、$\langle x | \phi_i \rangle$ を $\phi_i(x)$ に書き換えると、

$$\phi_i(x') = \int_{-\infty}^{+\infty} \langle x' | x \rangle \phi_i(x) \, dx \qquad \text{（式 5.2）}$$

となるが、この積分はいささか奇妙である。$\langle x' | x \rangle \phi_i(x)$ を $-\infty$ から $+\infty$ まで x で積分すると、元の関数と同じで、変数だけ x' に変わった $\phi_i(x')$ になるというのである。このような奇妙な計算になるのは、$\langle x' | x \rangle$ があるためである。それでは、$\langle x' | x \rangle$ は一体何なのであろうか。位置の固有ベクトル同士の内積であるから、2 章の時と同じ $\langle \phi_j | \phi_i \rangle = \delta_{ji}$ のような関係が成り立つのであろうか。

実は $x' \neq x$ の時は $\langle x' | x \rangle = 0$ であるが、$x' = x$ の時は 1 ではない。これが 1 だと、（式 5.2）は成り立たないのである。$x' \neq x$ で $\langle x' | x \rangle = 0$ なので、（式 5.2）の被積分関数は $x' = x$ の 1 点でしか値を持たないことになり、この積分が 0 でない値となるならば、$\langle x | x \rangle$ は無限大でなければならない。しかし、値として無限大をとるというのでは計算に使うことはできないので、（式 5.2）が成り立つことが $\langle x' | x \rangle$ の定義だと考える。

$\langle x' | x \rangle$ は、x と x' の関数だと考えられるが、$x' = x$ では値が決められないので、通常の関数とは違うものである。それでも $\langle x' | x \rangle$ を x と x' の関数だと考えて扱うと便利である。そこでまず、x と x' がどのように関係しているのかを調べてみよう。

（式 5.2）で、$\phi_i(x)$ を $\phi_i(x - x')$ に置き換えてみると、

$$\int_{-\infty}^{+\infty} \langle x' | x \rangle \phi_i(x - x') \, dx = \phi_i(0) \qquad \text{（式 5.3）}$$

となる。なぜなら、$\phi_i(x - x')$ で x を x' に変えたものになるからである。（式 5.3）で変数を変換して、$y = x - x'$ とおくと、

$$\int_{-\infty}^{+\infty} \langle x' | x \rangle \phi_i(x - x') \, dx = \int_{-\infty}^{+\infty} \langle x' | y + x' \rangle \phi_i(y) \, dy.$$

これは $\phi_i(0)$ になるが、y は積分に使う変数なので、他の文字に書き換えてもよく、y を x に書き換えると、次の式が成り立つ。

$$\int_{-\infty}^{+\infty} \langle x' | x + x' \rangle \phi_i(x) \, dx = \phi_i(0).$$

ところで、（式 5.2）から、

$$\int_{-\infty}^{+\infty} \langle 0 | x \rangle \phi_i(x) \, dx = \phi_i(0)$$

となるので、上記の二つの式を比べると、

$$\langle x' | x + x' \rangle = \langle 0 | x \rangle \qquad \text{(式 5.4)}$$

が成り立っていることが分かる。この式から次のことが分かる。x が入るところに $x + x'$ を入れると、右辺のように x' が消えてしまう。これは、$x - x'$ という形の関数になっているということである。つまり、$x - x'$ の x に $x + x'$ を入れると、$(x + x') - x' = x$ となり、x' が消えるということである。そこで、$\langle x' | x \rangle$ を次の形に書くことにしよう。

$$\langle x' | x \rangle = \delta(x - x').$$

このように書くと、（式 5.4）がもっと明確になる。

$$\langle x' | x + x' \rangle = \delta(x + x' - x') = \delta(x),$$
$$\langle 0 | x \rangle = \delta(x - 0) = \delta(x).$$

この $\delta(x - x')$ をデルタ関数という。今後、デルタ関数はよく使うので、次にいくつか特徴を見てみよう。

5.2 デルタ関数

（式 5.2）をデルタ関数を使って書き表わすと、

$$\int_{-\infty}^{+\infty} \delta(x - x')\,\phi(x)\,dx = \phi(x'). \qquad \text{(式 5.5)}$$

$\phi(x)$ は任意の関数である。直ちに分かることは、$\phi(x) = 1$ とおくと、

$$\int_{-\infty}^{+\infty} \delta(x - x')\,dx = 1$$

となり、デルタ関数を積分すると 1 になる。

次に、$\delta(x) = \delta(-x)$ を示そう。デルタ関数 $\delta(x)$ は偶関数のようにふるまう。すなわち、

$$\int_{-\infty}^{+\infty} \delta(-x)\,\phi(x)\,dx = \int_{-\infty}^{+\infty} \delta(x)\,\phi(x)\,dx \qquad \text{(式 5.6)}$$

が成り立つ。これを示すために、左辺の変数を変換して、$y = -x$ とおく。そうすると左辺は、

$$\text{左辺} = \int_{+\infty}^{-\infty} \delta(y)\,\phi(-y)\,(-dy) = \int_{-\infty}^{+\infty} \delta(y)\,\phi(-y)\,dy = \phi(0).$$

これは右辺と同じになるので、（式 5.6）が成り立つ。

次に、$\int_{-\infty}^{+\infty} \dfrac{\delta(x)}{x}\,dx$ を求めておこう。この積分は後で使うことになる。単純に（式 5.5）を当てはめると $\dfrac{1}{0}$ となり、使えないものになる。実際はこの値は 0 となる。なぜなら、デ

ルタ関数が偶関数的性質を持ち、$\frac{1}{x}$ が奇関数であるため、正の値と負の値が打ち消しあうからである。もう少し詳しく見てみよう。$\delta(x)$ の代わりに $\delta(x - \varepsilon)$ とおくと（$\varepsilon > 0$ とする）、（式 5.5）が使えて、

$$\int_{-\infty}^{+\infty} \frac{\delta(x - \varepsilon)}{x}\,dx = \frac{1}{\varepsilon}$$

となる。しかし、これでは十分ではない。ε は正なので、$\frac{1}{x}$ の正の側しか積分していないからである。$\frac{1}{x}$ の負の側も含めるためには、$\delta(x)$ を $\delta(x + \varepsilon)$ とおいて計算すればよい。積分範囲は $-\infty$ から $+\infty$ なので、

$$\int_{-\infty}^{+\infty} \frac{\delta(x)}{x}\,dx = \lim_{\varepsilon \to 0} \left[\int_{-\infty}^{0} \frac{\delta(x + \varepsilon)}{x}\,dx + \int_{0}^{+\infty} \frac{\delta(x - \varepsilon)}{x}\,dx \right]$$
$$= \lim_{\varepsilon \to 0} \left(-\frac{1}{\varepsilon} + \frac{1}{\varepsilon} \right) = 0$$

となる。これ以外にもデルタ関数はいろいろと変わった性質を持つが、興味がある人は自分で調べてみてほしい。

なお、位置の固有ベクトル $|x\rangle$ を座標の関数として表示すると $\langle x'|x\rangle$ となるが、これはデルタ関数に他ならない。

次に、運動量の固有ベクトル $|p\rangle$ を座標の関数として表示するとどうなるのかを見ていこう。

5.3　運動量固有ベクトルの座標表示

運動量の固有値方程式から始めよう。

$$\hat{p}|p\rangle = p|p\rangle.$$

この両辺に、$\langle x'|$ を掛ける。

$$\langle x'|\hat{p}|p\rangle = \langle x'|p|p\rangle.$$

右辺の p は固有値なので、ブラケットの外に出すことができる。

$$\langle x'|\hat{p}|p\rangle = p\langle x'|p\rangle.$$

左辺の $\hat{p}$ と $|p\rangle$ の間に、$\int_{-\infty}^{+\infty} |x\rangle\langle x|\,dx$（$= 1$ である）を入れると、

$$\langle x'|\hat{p}\left[\int_{-\infty}^{+\infty} |x\rangle\langle x|\,dx \right]|p\rangle = p\langle x'|p\rangle.$$

したがって、

$$\int_{-\infty}^{+\infty} \langle x'|\hat{p}|x\rangle\langle x|p\rangle\,dx = p\langle x'|p\rangle. \qquad (\text{式 5.7})$$

$\langle x'|p\rangle$ が求めたい運動量固有ベクトルの座標表示であり、（式 5.7）は $\langle x'|p\rangle$ についての方程式になっているように思われる。ここから先に進むためには、$\langle x'|\hat{p}|x\rangle$ が分からなければならない。それには、座標と運動量の交換関係である（式 3.3）を使う。（式 3.3）の両辺を、$\langle x'|$ と $|x\rangle$ で挟むと、

$$\langle x'|[\hat{x},\hat{p}]|x\rangle = \langle x'|i\hbar|x\rangle.$$

したがって、

$$\langle x'|\hat{x}\hat{p}|x\rangle - \langle x'|\hat{p}\hat{x}|x\rangle = i\hbar\langle x'|x\rangle.$$

ここで、$\hat{x}$ の固有値方程式 $\hat{x}|x\rangle = x|x\rangle$ 及び $\langle x'|\hat{x} = x'\langle x'|$ を使うと、

$$(x'-x)\langle x'|\hat{p}|x\rangle = i\hbar\langle x'|x\rangle.$$

したがって、

$$\langle x'|\hat{p}|x\rangle = \frac{i\hbar\langle x'|x\rangle}{x'-x} = \frac{i\hbar\,\delta(x-x')}{x'-x}$$

となる。これを（式 5.7）に入れてみよう。

$$\int_{-\infty}^{+\infty} \frac{i\hbar\,\delta(x-x')}{x'-x}\langle x|p\rangle\,dx = p\langle x'|p\rangle.$$

分かりやすくするために、$\langle x'|p\rangle = \phi(x')$ とおく。

$$\int_{-\infty}^{+\infty} \frac{i\hbar\,\delta(x-x')}{x'-x}\phi(x)\,dx = p\,\phi(x'). \tag{式 5.8}$$

左辺の積分であるが、（式 5.5）を使って計算しようとしても問題は単純ではない。$\dfrac{1}{x'-x}$ があるため、x を x' に置き換えたのでは、ゼロでの割り算になってしまうからである。これを回避するため、以下のようなことをしていく。

まず、$\phi(x)$ を x^n の級数とする。（式 5.8）の左辺の $\phi(x)$ を x^n に置き換えると、

$$左辺 = i\hbar\int_{-\infty}^{+\infty} \frac{\delta(x-x')}{x'-x}x^n dx = -i\hbar\int_{-\infty}^{+\infty} \frac{\delta(x-x')}{x-x'}x^n dx.$$

変数を変換して $z = x-x'$ として計算すると（$-i\hbar$ の記載は省略する）、

$$\int_{-\infty}^{+\infty} \frac{\delta(x-x')}{x-x'}x^n dx = \int_{-\infty}^{+\infty} \frac{\delta(z)}{z}(z+x')^n dz$$
$$= \int_{-\infty}^{+\infty} \frac{\delta(z)}{z}(z+x')(z+x')^{n-1}dz = \int_{-\infty}^{+\infty} \delta(z)\frac{(z+x')}{z}(z+x')^{n-1}dz$$
$$= \int_{-\infty}^{+\infty} \delta(z)\left(1+\frac{x'}{z}\right)(z+x')^{n-1}dz$$

11

$$= \int_{-\infty}^{+\infty} \delta(z) \left\{ (z+x')^{n-1} + \frac{x'}{z}(z+x')^{n-1} \right\} dz$$

$$= \int_{-\infty}^{+\infty} \delta(z)(z+x')^{n-1}dz + \int_{-\infty}^{+\infty} \delta(z)\frac{x'}{z}(z+x')^{n-1}dz$$

$$= x'^{\,n-1} + x' \int_{-\infty}^{+\infty} \frac{\delta(z)}{z}(z+x')^{n-1}dz$$

となる。この第 2 項は、元の左辺の積分で n を $n-1$ にしたものになっている。したがって、同じ計算を繰り返せば、

$$= x'^{\,n-1} + x' \left[x'^{\,n-2} + x' \int_{-\infty}^{+\infty} \frac{\delta(z)}{z}(z+x')^{n-2}dz \right]$$

$$= x'^{\,n-1} + x'^{\,n-1} + x'^{\,2} \int_{-\infty}^{+\infty} \frac{\delta(z)}{z}(z+x')^{n-2}dz$$

$$= 2x'^{\,n-1} + x'^{\,2} \int_{-\infty}^{+\infty} \frac{\delta(z)}{z}(z+x')^{n-2}dz.$$

これを続けていくと、最終的には、被積分関数が $(z+x')^{n-n}$ $(=1)$ まで行くので、

$$= nx'^{\,n-1} + x'^{\,n} \int_{-\infty}^{+\infty} \frac{\delta(z)}{z} \, dz$$

となる。この最後の積分であるが、既に述べたように、この値は 0 になる。したがって、

$$\int_{-\infty}^{+\infty} \frac{\delta(x-x')}{x-x'} \, x^n dx = nx'^{\,n-1}$$

となる。この右辺は、$x'^{\,n}$ の微分になっている。このことから、次のことが言える。

$$\int_{-\infty}^{+\infty} \frac{\delta(x-x')}{x'-x} \, \phi(x) \, dx = \frac{d}{dx'} \, \phi(x'). \tag{式 5.9}$$

次に x^{-n} の場合を考えよう。今度は次の計算をすることになる。

$$\int_{-\infty}^{+\infty} \frac{\delta(x-x')}{x-x'} \, x^{-n}dx = \int_{-\infty}^{+\infty} \frac{\delta(z)}{z} \frac{1}{(z+x')^n} \, dz$$

$$= \int_{-\infty}^{+\infty} \frac{\delta(z)}{z} \frac{1}{(z+x')} \frac{1}{(z+x')^{n-1}} \, dz = \int_{-\infty}^{+\infty} \delta(z)\frac{1}{z} \frac{1}{(z+x')} \frac{1}{(z+x')^{n-1}} \, dz$$

$$= \int_{-\infty}^{+\infty} \delta(z)\frac{1}{x'} \left[\frac{1}{z} - \frac{1}{z+x'} \right] \frac{1}{(z+x')^{n-1}} \, dz$$

$$= \frac{1}{x'} \int_{-\infty}^{+\infty} \frac{\delta(z)}{z} \frac{1}{(z+x')^{n-1}} \, dz - \frac{1}{x'} \int_{-\infty}^{+\infty} \frac{\delta(z)}{(z+x')^n} \, dz$$

$$= \frac{1}{x'} \int_{-\infty}^{+\infty} \frac{\delta(z)}{z} \frac{1}{(z+x')^{n-1}} \, dz - \frac{1}{x'} \frac{1}{x'^{\,n}}$$

$$= \frac{1}{x'} \int_{-\infty}^{+\infty} \frac{\delta(z)}{z} \frac{1}{(z+x')^{n-1}} \, dz - \frac{1}{x'^{\,n+1}}.$$

この第 1 項は、元の積分の n を $n-1$ にしたものであるから、同じ計算を繰り返せば、

$$= \frac{1}{x'} \left[\frac{1}{x'} \int_{-\infty}^{+\infty} \frac{\delta(z)}{z} \frac{1}{(z+x')^{n-2}} \, dz - \frac{1}{x'^{\,n}} \right] - \frac{1}{x'^{\,n+1}}$$

$$= \frac{1}{x'^{\,2}} \int_{-\infty}^{+\infty} \frac{\delta(z)}{z} \frac{1}{(z+x')^{n-2}} \, dz - \frac{1}{x'^{\,n+1}} - \frac{1}{x'^{\,n+1}}$$

$$= \frac{1}{x'^{\,2}} \int_{-\infty}^{+\infty} \frac{\delta(z)}{z} \frac{1}{(z+x')^{n-2}} \, dz - \frac{2}{x'^{\,n+1}}.$$

これを繰り返すと、最終的に

$$= \frac{1}{x'^{\,n}} \int_{-\infty}^{+\infty} \frac{\delta(z)}{z} \, dz - \frac{n}{x'^{\,n+1}} = -\frac{n}{x'^{\,n+1}}.$$

これは、$x'^{\,-n}$ の微分になっている。

以上から、（式 5.9）が成り立っていると言える。

（式 5.8）に戻ろう。（式 5.9）を使うと、（式 5.8）は次のようになる。$-i\hbar \dfrac{d}{dx'} \phi(x') = p\,\phi(x')$。$x'$ を x に書き直して、

$$-i\hbar \frac{d}{dx} \phi(x) = p\,\phi(x).$$

これは $\phi(x)$ を求める微分方程式であり、容易に解けて、$\phi(x) = A\,e^{i\frac{p}{\hbar}x}$. A は積分定数である。運動量 p を $p = \hbar k$ と書けば、$\phi(x) = A\,e^{ikx}$. これが運動量固有ベクトルの座標表示である。

上記で分かったことは、座標表示にすると、運動量演算子 $\hat{p}$ は微分演算子になるということである。すなわち、$\hat{p} \rightarrow -i\hbar \dfrac{d}{dx}$ という置き換えをすれば、座標表示の運動量ベクトル、すなわち運動量の状態を表わす関数を求めることができる。

さて、あとは積分定数 A が求まればよい。まず、運動量演算子の固有値、固有ベクトルを k で識別するようにして、固有値方程式を次のように書く。

$$\hat{p}|k\rangle = \hbar k |k\rangle.$$

運動量の固有ベクトルが作る単位演算子は、$\displaystyle\int_{-\infty}^{+\infty} |k\rangle \langle k|\, dk$ である。これをデルタ関数に入れて、

$$\langle x'|x\rangle = \langle x'| \left[\int_{-\infty}^{+\infty} |k\rangle \langle k|\, dk \right] |x\rangle = \int_{-\infty}^{+\infty} \langle x'|k\rangle \langle k|x\rangle dk.$$

ここで、$\langle x'|k\rangle = A\,e^{ikx'}$、$\langle k|x\rangle = A^*e^{-ikx}$ なので、上記の式は、

$$= \int_{-\infty}^{+\infty} A\,e^{ikx'} A^*e^{-ikx}\, dk = |A|^2 \int_{-\infty}^{+\infty} e^{ik(x'-x)}\, dk = |A|^2 \left[\frac{e^{ik(x'-x)}}{i(x'-x)} \right]_{-\infty}^{+\infty}.$$

ここで、積分範囲を $-N$ から N までとして、後から N を無限大にすることにしよう。

$$= |A|^2 \frac{e^{iN(x'-x)} - e^{-iN(x'-x)}}{i(x'-x)} = |A|^2 \frac{2\sin(N(x'-x))}{x'-x}.$$

これの N を無限大にしたものがデルタ関数になる。したがって、これを x' で積分した値は 1 になる。

$$\int_{-\infty}^{+\infty} \lim_{N \to \infty} |A|^2 \frac{2\sin(N(x'-x))}{x'-x} \, dx' = 1. \qquad \text{(式 5.10)}$$

N の極限は積分の後にやってよいものと仮定して、まずは x' で積分を行う。

$$\text{左辺} = 2|A|^2 \lim_{N \to \infty} \int_{-\infty}^{+\infty} \frac{\sin(N(x'-x))}{x'-x} \, dx'.$$

ここで、次の積分の結果を使う。$\int_{-\infty}^{+\infty} \frac{\sin x}{x} \, dx = \pi.$ これを使うと、$y = N(x'-x)$ と変数変換して、

$$\int_{-\infty}^{+\infty} \frac{\sin(N(x'-x))}{x'-x} \, dx' = \int_{-\infty}^{+\infty} \frac{\sin y}{y/N} \frac{dy}{N} = \int_{-\infty}^{+\infty} \frac{\sin y}{y} \, dy = \pi.$$

この積分は、N の値に依らず π になる。したがって（式 5.10）は、$2|A|^2\pi = 1$ となり、$A = \frac{1}{\sqrt{2\pi}}$ となる。結局、運動量固有ベクトルの座標表示は、

$$\phi(x) = \frac{1}{\sqrt{2\pi}} e^{ikx}$$

となる。また、上記の計算途中でも出てきたが、$\displaystyle\lim_{N \to \infty} \frac{\sin(N(x'-x))}{\pi(x'-x)}$ は、デルタ関数の具体例となっていることが分かる。

5.4　エネルギー固有ベクトルの座標表示

エネルギー固有ベクトルの座標表示は、固有値方程式

$$\hat{H} |\phi_i\rangle = E_i |\phi_i\rangle$$

の $|\phi_i\rangle$ に対して、$\langle x | \phi_i \rangle$ を求めればよい。上の式から直接 $\langle x | \phi_i \rangle$ を求めるには、運動量固有ベクトルの座標表示でやったのと同じやり方で、

$$\int_{-\infty}^{+\infty} \langle x | \hat{H} | x' \rangle \langle x' | \phi_i \rangle dx' = E_i \langle x | \phi_i \rangle \qquad \text{(式 5.11)}$$

を解けばよい。

運動量固有ベクトルで見たように、運動量演算子 $\hat{p}$ は、微分演算子に置換わる。そうすると、（式 5.11）は微分方程式の形になると考えられる。ハミルトニアンを（式 5.11）に入れ、$\langle x' | \phi_i \rangle$ を $\phi(x')$ と書いて左辺を計算していくと、

$$\text{左辺} = \int_{-\infty}^{+\infty} \langle x | \left[\frac{\hat{p}^2}{2m} + V(\hat{x}) \right] | x' \rangle \phi(x') \, dx'$$

$$= \frac{1}{2m} \int_{-\infty}^{+\infty} \langle x | \hat{p}^2 | x' \rangle \phi(x') \, dx' + \int_{-\infty}^{+\infty} \langle x | V(\hat{x}) | x' \rangle \phi(x') \, dx'.$$

第 1 項の運動エネルギーの項だけ抜き出して計算すると、

$$\text{第 1 項} = \frac{1}{2m} \int_{-\infty}^{+\infty} \langle x | \hat{p} \hat{p} | x' \rangle \phi(x') \, dx'$$

$$= \frac{1}{2m} \int_{-\infty}^{+\infty} \int_{-\infty}^{+\infty} \langle x | \hat{p} | x'' \rangle \langle x'' | \hat{p} | x' \rangle \phi(x') \, dx' dx''$$

$$= \frac{1}{2m} \int_{-\infty}^{+\infty} \langle x | \hat{p} | x'' \rangle \left(-i\hbar \frac{d}{dx''} \right) \phi(x'') \, dx''$$

$$= \frac{1}{2m} \left(-i\hbar \frac{d}{dx} \right) \left(-i\hbar \frac{d}{dx} \right) \phi(x) = \frac{(-i\hbar)^2}{2m} \frac{d^2}{dx^2} \phi(x)$$

$$= -\frac{\hbar^2}{2m} \frac{d^2}{dx^2} \phi(x).$$

第 2 項のポテンシャルの項は、$V(\hat{x})$ が $\hat{x}$ の関数であることから、$V(\hat{x}) | x' \rangle = V(x') | x' \rangle$ となるので（右辺の $V(x')$ の x' は演算子ではなく、普通の数）、$\langle x | V(\hat{x}) | x' \rangle = V(x') \langle x | x' \rangle$ が成り立ち、右辺の $\langle x | x' \rangle$ はデルタ関数なので、

$$\text{第 2 項} = \int_{-\infty}^{+\infty} V(x') \, \delta(x' - x) \, \phi(x') \, dx' = V(x) \phi(x).$$

以上より、エネルギーの固有値方程式は以下のようになる。

$$\left[-\frac{\hbar^2}{2m} \frac{d^2}{dx^2} + V(x) \right] \phi(x) = E \, \phi(x). \tag{式 5.12}$$

4 章で扱った一次元調和振動子のハミルトニアンの場合は、

$$-\frac{\hbar^2}{2m} \frac{d^2 \phi(x)}{dx^2} + \frac{1}{2} kx^2 \phi(x) = E \, \phi(x)$$

を解くことになる。一次元調和振動子の場合は、この方程式を解く代わりに、4 章で行った行列を使った解からエネルギー固有ベクトルの座標表示を求めることもできる。4 章では明記しなかったが、最低エネルギーの固有ベクトルを $|0\rangle$ とすると、$\hat{a} |0\rangle = 0$ が成り立つ。すなわち、

$$\sqrt{\frac{1}{2m\hbar\omega}} \, (i\hat{p} + m\omega\hat{x}) |0\rangle = 0.$$

15

これまでやってきたように、$\langle x|$ を掛け、$\hat{p} \to -i\hbar \dfrac{d}{dx}$、$\hat{x} \to x$ と置き換えれば、

$$\left(\hbar \frac{d}{dx} + m\omega x \right) \langle x|0 \rangle = 0$$

となるので、この方程式を解けば、$\langle x|0 \rangle$ が求まる。規格化定数は、

$$\langle 0|0 \rangle = \int_{-\infty}^{+\infty} \langle 0|x \rangle \langle x|0 \rangle dx = 1$$

から求まる。$|0\rangle$ の一つ上のエネルギーを持つ固有ベクトル $|1\rangle$ については、$\hat{a}^\dagger |0\rangle = |1\rangle$ から求められる。このようにして、固有ベクトルから座標表示を求めることもできる。詳しくは、『量子力学的古典力学』を参照していただきたい。

6 シュレーディンガー方程式

行列形式のシュレーディンガー方程式（式 3.5）を座標表示すれば、微分方程式が得られる。（式 3.5）に $\langle x|$ を掛けると、

$$\langle x| i\hbar \frac{\partial}{\partial t} |\psi \rangle = \langle x| \hat{H} |\psi \rangle.$$

この右辺は（式 5.12）の左辺に他ならない。左辺は、$\langle x|$ に時間依存性がないので、時間微分はブラケットの外に出すことができる。そうすると、量子力学での運動方程式は次の形になる。

$$i\hbar \frac{\partial}{\partial t} \psi = \left[-\frac{\hbar^2}{2m} \frac{\partial^2}{\partial x^2} + V(x) \right] \psi. \qquad (式 6.1)$$

これが、波動方程式としてのシュレーディンガー方程式である。

〈 | と | 〉—量子力学の参考書のようなもの—
ブ ラ　　ケット

2020 年 5 月 4 日 初版 発行
著　者　　嵐田 源二　（あらしだ げんじ）
発行者　　星野 香奈　（ほしの かな）
発行所　　同人集合 暗黒通信団　（http://ankokudan.org/d/）
　　　　　〒277-8691 千葉県柏局私書箱 54 号 D 係
本　体　　200 円 / ISBN978-4-87310-241-2 C0042